DE

# LA VACCINATION

## ANTI-SYPHILITIQUE

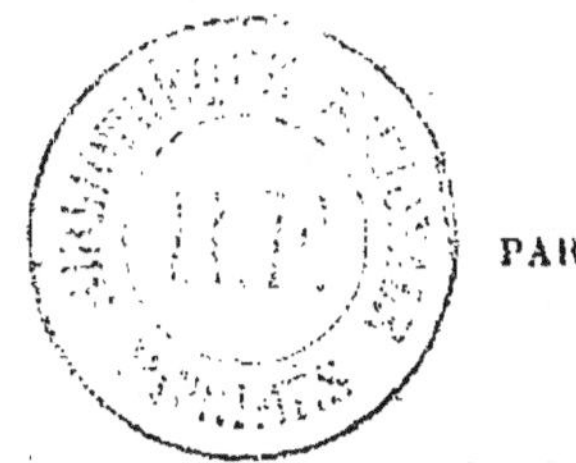

PAR

LE D<sup>r</sup> E. VERRIER, I. ✿

Médecin-directeur de l'Institut hydrothérapique de Passy
Lauréat de l'Académie de médecine

———•———

PARIS

A. MALOINE, ÉDITEUR

Place de l'Ecole-de-Médecine

—

1897

# DE
# LA VACCINATION

## ANTI-SYPHILITIQUE

PAR

LE D<sup>r</sup> E. VERRIER, I.

Médecin-directeur de l'Institut hydrothérapique de Passy
Lauréat de l'Académie de médecine

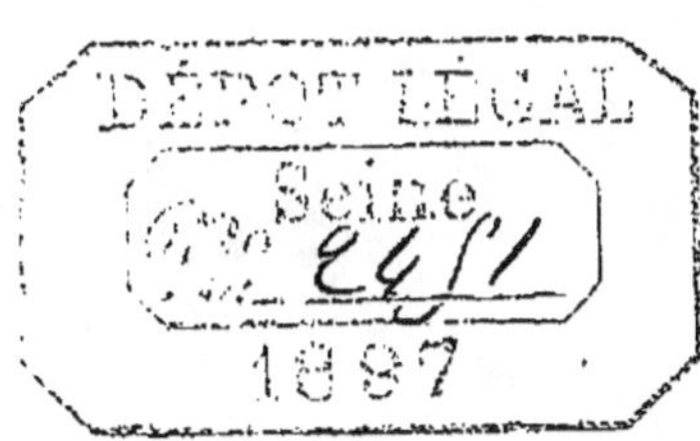



PARIS

A. MALOINE, ÉDITEUR
Place de l'Ecole-de-Médecine

—

1897

# DE LA VACCINATION ANTI-SYPHILITIQUE

Le microbe de la syphilis n'étant pas encore trouvé (1) et les sérums anti-syphilitiques, préparés avec du virus inoculé au cheval par des procédés plus ou moins parfaits, ne présentant pas aux praticiens la sûreté indispensable pour l'inoculation à l'homme, il s'ensuit qu'en présence des progrès réalisés par les théories pastoriennes dans les autres branches de la thérapeutique, les médecins n'ont toujours à leur disposition contre la syphilis que le mercure et l'iodure de potassium. On connaît les inconvénients du premier de ces médicaments, qui souvent ne fait que blanchir la maladie et n'empêche pas les accidents ultérieurs de se développer, qu'il soit administré par la bouche, par la peau ou par la méthode hypodermique. Sans l'iodure de potassium, il serait souvent insuffisant, de même que celui-ci, dans la

---

(1) Lettres de MM. Ch. Richet, Nocard, A. Gilbert, F. Kral (de Prague), etc., au D$^r$ Verrier.

syphilis, s'emploie rarement sans mercure. C'est ce qui constitue la base du traitement mixte de Ricord.

Dans ces circonstances, les médecins et plus particulièrement les malades, ont tout intérêt à accueillir avec empressement un traitement *absolument sans danger*, qui guérit les accidents primitifs, secondaires et souvent tertiaires de la syphilis.

Un philosophe, doublé d'un savant, a publié sous le titre *De omni re scibili* un livre qui contient sous une forme accessible à tous le fruit de trente années d'expérience et de réflexions sur presque tous les sujets qui peuvent intéresser les chercheurs.

L'auteur, M. Iksmokul, l'ermite de Champigny, comme il s'intitule lui-même, consacre la plus grande partie de son livre à des questions philosophiques.

Il est pourtant certains chapitres consacrés aux *virus* et aux *venins* qui intéressent plus particulièrement les médecins et qu'à ce titre je désire mettre à contribution pour le sujet qui m'occupe.

Je laisserai de côté pour aujourd'hui les venins pour ne m'occuper que des virus et plus particulièrement du virus-vaccin, que l'auteur avait proposé il y a trente ans comme cure et prophylaxie de la syphilis.

Guérir la syphilis à ses débuts, en effet, c'est s'opposer à son évolution ultérieure, empêcher la syphilis cérébrale, amoindrir considérablement l'étiologie du tabes dorsalis et de la paralysie générale.

Tout le monde connaît les propriétés prophylactiques du vaccin quant à la variole, mais on ignore généralement que le même virus exerce aussi son action sur la syphilis.

C'était en 1858 ; l'auteur que je viens de citer (1), mis au défi par le D<sup>r</sup> Plechkov, médecin de l'hôpital de Simphéropol (Crimée), se fit inoculer par Plechkov lui-même, du virus syphilitique, qui produisit 4 chancres magnifiques, 2 à chaque bras, et il attendit sans faire aucun traitement, l'apparition des accidents secondaires.

Au bout d'un temps assez long, la roséole apparut et M. Iksmokul s'inocula une grande quantité de beau vaccin en douze endroits sur le côté gauche de la poitrine, et huit jours après, il opéra de même sur le côté droit. Cela suffit... La cicatrisation des chancres se fit rapidement, et la roséole disparut également. L'induration restée après la cicatrisation des chancres demanda un peu plus de temps pour se dissiper.

Nous sommes en 1897, et jamais la

---

(1) *De omni re scibili*, Paris, 1896, p. 215.

syphilis n'a reparu. De plus, l'auteur a essayé plusieurs fois de se donner la syphilis sans y réussir.

Il était donc bien et suffisamment immunisé par l'inoculation du virus-vaccin. Ce fait personnel, joint aux nombreux autres faits que nous rappelons plus loin, prouvent que ce vaccin est bien anti-syphilitique.

On peut donc par ce moyen obtenir la guérison radicale de la syphilis, sans recourir à la syphilisation, à l'inoculation d'un sérum fabriqué avec des toxines, qui n'est pas toujours sans danger, à la vésication recommandée par Cullerier, ni même au traitement classique par le mercure et l'iodure de potassium. Si nous comparons les épidémies épouvantables du moyen âge (1) avec l'innocuité relative de la syphilis actuelle, nous sommes autorisés à penser que nous sommes tous plus ou moins syphilisés par hérédité ancestrale, ou que l'usage de la vaccination qui date de l'époque de Jenner a rendu bénigne la syphilis de nos jours.

S'il en est ainsi, la nouvelle propriété du vaccin, découverte par Iksmokul, n'aurait donc rien que de rationnel. La Presse

---

(1) Voir : Fracastor, extr. du livre *De contagionibus*, 1846, traduit et commenté par A. Fournier, 1870.

scientifique de l'époque s'était d'ailleurs occupée de la question, et le *Courrier médical* nᵒ 18, la *Gazette des Hôpitaux* nᵒ 72, l'*Abeille médicale* nᵒ 26, de 1858, ainsi que d'autres journaux médicaux espagnols, allemands et russes surtout, ont publié à l'envi des articles sur la vaccination anti-syphilitique employée comme moyen curatif.

La vaccination rend en outre l'organisme moins apte à contracter la syphilis constitutionnelle, elle est donc également, jusqu'à un certain point, prophylactique ; mais cette action serait moindre et de moindre durée pour la syphilis que pour la variole.

L'auteur a donné le résultat de ses observations dans des mémoires qu'il a présentés à différentes académies ou sociétés savantes, particulièrement à l'Académie impériale des sciences de Saint-Pétersbourg, à l'Académie médico-chirurgicale de la même ville. Dans son livre récent, déjà cité, il rappelle les conclusions de ces mémoires.

D'autre part, M. le Dᵣ Jeltsinsky a vacciné 60 syphilitiques à l'hôpital Sainte-Catherine de Moscou, dans le service et sous la surveillance de M. le professeur Popov, et 40 dans sa clientèle privée ; non seulement aucun accident n'est survenu, mais le temps écoulé depuis ces expériences nous autorise à croire à l'anéantissement complet du virus syphilitique par le virus-vaccin. Ces résultats ont été consignés avec le détail des observations dans une brochure du Dr Jeltsinsky, qui a été traduite en allemand (1).

En outre, à Saint-Pétersbourg, des expériences favorables ont aussi été entreprises sur une grande échelle à l'hôpital militaire Kalinkine par M. Tamoski, sous la direction du médecin en chef Dr Avenarius.

Sur 50 syphilitiques traités dans cet hôpital par la vaccination seule, 28 étaient atteints d'accidents primitifs, 22 d'accidents secondaires. On a eu des nouvelles de 43 sujets qui tous ont été guéris avant leur sortie de l'armée.

Ces heureux résultats ont engagé M. le Directeur du Département de la médecine au Ministère de la guerre, après l'avis du Comité consultatif de santé militaire, à exiger que la vaccination anti-syphilitique soit continuée à l'hôpital militaire et étendue à plusieurs autres hôpitaux de la Russie.

Comment venir dire après cela que les expériences, absolument incomplètes, faites par Cullerier, à Lourcine, et A. Gué-

---

(1) *Radicale Heilung der Syphilis vermittelst Kuhpockenvaccination.* Leipzig et Heidelberg, 1860.

rin, au Midi, ont donné des résultats nuls (1)?

M. Fournier, dans sa thèse inaugurale, signale la tentative d'un jeune médecin qui, enthousiasmé par la découverte d'Iksmokul, résolut de se faire inoculer du virus syphilitique pour avoir le plaisir de se guérir. M. Ricord fit procéder publiquement à l'inoculation du pus d'un chancre infectant : mais celle-ci ne réussit pas.

J'estime quant à moi que si ce traitement n'est pas parfait, il est au moins digne de l'examen des médecins consciencieux, qui placent l'intérêt de leurs malades avant leur intérêt personnel, et jusqu'à la découverte d'un sérum anti-syphilitique provenant directement de la culture du microbe de la syphilis et ne présentant aucun danger, je n'emploierai pas d'autre méthode de traitement (2).

---

(1) *Traité de la syphilis et des mal. vénériennes* par Belhomme et Aimé Martin 2ᵉ éd. 1876, p. 390 et 391, et *De omni re scibili*, p. 231 et suiv.

(2) Dans le courant de 1896, le Dʳ Barling, de Londres, guéri un chancre infectant phagédenique avec commencement de roséole par un sérum provenant de l'inoculation à un cheval de pus d'accidents secondaires (*British méd. Journ.*, numéro de février 1896, p. 334). MM. Burrougks, Wellome and Co, Chemists manufacturers, ont bien voulu m'envoyer un échantillon de ce sérum que j'ai donné à essayer, et je ne manquerai pas de publier les résultats de cette expérience. En attendant j'ai

En définitive, autant pour donner mon avis sur cette importante question de la vaccination anti-syphilitique que pour apporter à la méthode inaugurée par Iksmokul l'appui des progrès réalisés depuis ses premières expériences dans la syphiligraphie et l'adjonction des procédés antiseptiques, je dirai :

1° Le virus-vaccin préserve de la variole, c'est entendu ; mais agit-il comme agissait la variolisation qui donnait l'immunité contre la variole confluente (que d'exceptions à cette règle!); est-il en un mot une variole localisée, comme d'aucuns le pensent? ou un antagoniste de la variole qui détruit ou atténue le virus variolique dans une large mesure?

Je suis de ce dernier avis, car jamais la vaccine n'a donné lieu à une variole généralisée comme l'a fait trop souvent la variolisation. Ce qui prouve que l'agent virulent du vaccin n'est pas le même que celui de la variole discrète, lequel est identique à celui de la variole confluente.

La connaissance des microbes de ces deux affections eût pu confirmer ce que

---

donné à la *Revue Médicale* la traduction de l'observation de M. le D<sup>r</sup> Barling, et le résumé des 14 premières observations du D<sup>r</sup> Jeltsinski, afin d'établir une sorte de parallèle entre les deux méthodes. Celle du médecin russe, ayant pour elle l'avantage du nombre.

j'avance, mais on ne les connaît pas plus que celui de la syphilis, et il est probable que la contagion se fait par le virus lui-même. Cependant la période la plus dangereuse pour la communication de la variole est celle de la desquamation et l'on sait que les parties découvertes (mains, visage), sont les premières affectées. La contagion de la variole se ferait donc par les squames épidermiques...

Quant au vaccin, le moment le plus favorable à l'inoculation est celui de la maturité et de l'ombilication de la pustule, huit jours environ après la vaccination. Comme la plupart des maladies virulentes, le vaccin une fois pris préserve le sujet vacciné de la variole, de même qu'une première variole le préserve d'une seconde attaque de la même maladie. Dans le premier cas, c'est le précepte *contraria contrariis preservantur*; dans le second c'est le *similia similibus preservantur*.

Depuis les premières publications d'Iksmokul, la dualité des virus chancreux a été reconnue (1) et Ricord, lui-même, avait

---

(1) Bassereau, *Traité des affections de la peau symptomatiques de la syphilis*, Paris 1852. L. Belhomme et Aimé Martin, *Traité théorique et pratique de la syphilis et des mal. vénériennes*, 2ᵉ éd. 1876. A. Fournier, *De la contagion syphilitique*, Th., Paris, 1860.

fini par s'y rallier. Cette dualité ruine complètement pour le dire en passant la théorie de la syphilisation d'Ausias-Turenne et il en résulte que la médecine moderne admet un virus syphilitique, engendrant la diathèse, fourni par le chancre induré ou infectant et un virus vénérien, produit du chancre mou ou simple ou chancrelle, qui est une affection locale ne dépassant guère les ganglions inguinaux et n'ayant avec le chancre infectant qu'un rapport de siège et d'aspect assez éloigné.

Le virus-vaccin, dont nous admettons l'action salutaire pour le chancre syphilitique et ses accidents consécutifs, peut-il agir de même sur le chancre simple? car il est aujourd'hui certain que le virus des deux lésions n'a pas la même composition et qu'on aurait trouvé une différence morphologique entre les deux microbes si on avait pu les isoler.

La suite des expériences peut seule résoudre la question. Cependant les observations du Dr Basile Jeltsinski semblent la résoudre par l'affirmative.

Mais il faut tenir compte d'un fait capital parfaitement mis en lumière par M. A. Fournier dans sa thèse déjà citée, c'est qu'un sujet atteint de syphilis congénitale ou encore en puissance d'une syphilis acquise, sans manifestations apparentes, peut contracter un chancre simple et donner la syphilis à une femme avec laquelle il aura eu des rapports. Dans ce cas, le chancre simple guérit seul avec quelques pansements et les accidents syphilitiques guérissent par la vaccination.

Quant à la blennorrhagie et à la balanite elles ne peuvent être influencées par le vaccin que si elles s'accompagnent d'un chancre induré du canal ou sous-préputial que le phimosis concomitant empêcherait de reconnaître ; les végétations, crêtes de coq et autres productions analogues, ne sont pas syphilitiques et guérissent par l'excision, le raclage, et les soins antiseptiques.

Restent donc la syphilis et ses accidents consécutifs. Je sais bien qu'on a essayé d'inoculer le vaccin pour d'autres maladies, (1), mais il ne faut pas tenir compte de ces essais, restés d'ailleurs isolés.

Le seul fait capital sur lequel on puisse s'appuyer pour prouver que le virus-vaccin n'agit pas dans la syphilis comme il agit dans la vaccination ordinaire, c'est que, dans ce dernier cas, il produit une ou plusieurs *pustules ombiliquées* dont une seule suffit pour préserver le sujet de la variole, tandis que dans la syphilis il subit

---

(1) Metsch, contre le choléra. Certains médecins militaires contre la fièvre thyphoïde, etc.

une modification qui se traduit à l'extérieur par une ou plusieurs *vésicules* et qu'il en faut un certain nombre pour guérir la syphilis.

Alors qu'une seule vaccination met à l'abri de la variole, il faut dans la syphilis répéter les inoculations à 8 jours d'intervalle pour obtenir un succès certain.

Afin d'éviter la répétition trop fréquente de ces inoculations, j'ai remplacé le vaccin de génisse, qui n'est point un cowpox spontané, par le vaccin d'âne, sorte de horse pox plus fort et par conséquent demandant moins d'inoculations que n'en faisait Iksmokul avec le vaccin ordinaire. Cela dépend aussi de la gravité plus ou moins grande de la syphilis que l'on a à soigner.

Cette différence dans le nombre d'inoculations résulte de ce que la variole n'étant qu'une fièvre éruptive se jugeant par la surface cutanée peut être prévenue par une seule pustule de vaccin, tandis que la syphilis, maladie diathétisque, se transmettant par hérédité, réclame plusieurs inoculations et par conséquent une plus grande quantité de virus.

Quant à l'objection, qui avait été faite par Depaul à la méthode, que le vaccin avait quelquefois communiqué la syphilis et qu'il ne pouvait par conséquent la guérir, je ne m'attarderai pas à la réfuter. Ne savons-nous pas aujourd'hui que le sang d'un sujet syphilitique est contagieux ? et qu'il a suffi, dans une vaccination de bras à bras, d'une goutte de sang d'un vaccinifère atteint de syphilis congénitale ou acquise (par la nourrice) pour communiquer la syphilis en même temps que la vaccine ?

On évite d'ailleurs cet inconvénient en se servant de vaccin de génisse ou mieux d'âne, animal réfractaire, même à la tuberculose !

Pour résumer maintenant les indications de ce long travail, nous dirons qu'en pratique :

1º Lorsque la maladie est récente et légère une seule vaccination suffit avec le vaccin de génisse frais.

2º Dans les cas plus anciens et plus graves, il faut plusieurs vaccinations, avec le vaccin d'âne, pratiquées à huit jours d'intervalle. Avec ce dernier vaccin on sera rarement obligé de pousser l'expérience au delà de trois semaines pour obtenir la guérison, cela dépendra des dispositions individuelles des malades.

3º Chaque séance de vaccination se composera de 3 à 4 piqûres sur la cuisse ou la fesse de chaque côté, pour éviter que les cicatrices se confondent avec celles du vaccin de l'enfance, dont elles diffèrent, du reste, par leur aspect (1).

4° On se servira de préférence pour l'inoculation du vaccin d'une plume qui sera jetée après chaque opération. Cette plume amplement garnie de virus ne servira donc qu'une fois et il va sans dire que si l'on avait à sa disposition, du cow-pox spontané, il serait préféré même au vaccin d'âne.

5° Toutes les précautions antiseptiques seront prises, savoir : immersion préalable des plumes dans l'eau phéniquée à 2 0/0, savonnage et lavage de la partie du corps sur laquelle devra se faire l'inoculation avec une solution de sublimé à 1 p. 1000 ; enveloppement des piqûres après l'opération avec une bandelette de gaze idioformée ou à l'airol.

6° Le cow-pox spontané ou à son défaut le vaccin d'âne est surtout recommandé lorsque le sujet a été variolé ou revacciné depuis moins de dix ans et malgré cela il faut bien dire qu'il y a des cas ou le vaccin ne prend pas, plus que l'inoculation syphilitique ne réussit, comme dans le cas cité par A. Fournier et rapporté plus haut.

7° On sait que la pulpe vaccinale employée aujourd'hui et recueillie dans des

---

(1) Iksmokul, *loco citato*.

tubes de verre se conserve assez longtemps,
puisqu'on en envoie dans nos colonies
éloignées, souvent au-delà de l'équateur,
où il ne faut pas moins d'un mois à six
semaines de traversée et que l'inoculation réussit encore le plus souvent cependant. Pour la vaccination antisyphilitique
il est toujours préférable de se servir de
vaccin frais.

En agissant d'après ces préceptes et
avec les précautions indiquées, on voit se
dissiper promptement les symptômes de
la syphilis primitive et constitutionnelle,
ainsi que les variétés de syphilides, pustules, papules, plaques muqueuses, iritis,
gommes et autres accidents de la vérole.

L'iodure de potassium a bien encore des
indications dans l'altération des tuniques
artérielles, suites éloignées de la syphilis,
mais si l'on considère les conséquences si
terribles de la syphilis cérébrale (1), on ne
pourra que s'applaudir de l'emploi d'un
moyen prophylactique aussi simple que
la vaccination dans les premières phases
de la maladie. Il faut espérer qu'à l'aide de
ce moyen on verra diminuer le nombre
toujours croissant des tabétiques et des
paralytiques généraux.

Ces avantages s'obtiennent par la vacci-

---

(1) A. Fournier, *Syphilis du cerveau*.

nation seule sans autres remèdes que des soins de propreté. Je crois pourtant que quand le malade a déjà été soumis à un traitement hydragyrique, il serait bon avant de commencer les vaccinations de le soumettre à quelques sudations à l'étuve sèche suivies d'une douche légère en jet brisé et de lui faire prendre une petite dose d'iodure de potassium (0,40 à 1 gramme par jour), plus en vue d'atténuer les effets du mercure que pour le traitement de la syphilis qui a son antidote dans le virus-vaccin.

Paris. — Typ. A. DAVY, 52, rue Madame — *Téléphone.*